Sawing of my article about the Big Bang

Sågning av min artikel om Big Bang

Sawing of my article about the Big Bang
Jan Slowak

Jan Slowak

Sawing of my article about the Big Bang

Sågning av min artikel om Big Bang

Sawing of my article about the Big Bang
Jan Slowak

Earlier articles / books
Tidigare artiklar / böcker

1. Bye-Bye Big Bang, Episod/Episode 1
2. Bye-Bye Big Bang, Episod/Episode 2
3. Bye-Bye Big Bang, Episod/Episode 3
4. Redshift factor, Absolute redshift, Galaxies red / blue distribution

Copyright © Jan Slowak 2015
Förlag och tryck: BoD
ISBN: 978-91-7463-753-3

Sawing of my article about the Big Bang
Jan Slowak

*For Ida,
my daughter*

ex nihilo nihil fit

Sawing of my article about the Big Bang
Jan Slowak

Content/Innehåll

1) English/Engelsk version .... page/sida 7
2) Swedish/Svensk version .... page/sida 47
3) Comments/Kommentarer .... page/sida 87

Sawing of my article about the Big Bang
Jan Slowak

Introduction

On March 11, 2015, I published an article / book on the subject cosmology. Its title is: *Redshift factor, Absolute redshift, Galaxies red / blue distribution.*

In the article, I had intended to do a brief review of the Big Bang theory, and presenting my analysis of existing data and how this analysis contradicts (in my opinion, of course) the main argument for the Big Bang, so-called "galaxies flight ".

I have university studies in mathematics and computer science, call me why mathematicians.
I do not work in the academic world and therefore I can not call myself researchers. But perhaps would fit better amateur researchers. If you allow it. I'm thinking, pondering, reading, have it as a hobby. I am

fascinated by all kinds of science. Most cosmology, anthropology, history.

It is amazing to read about scientists' discoveries, new achievements, new theories, new interpretations.

But everything you read is filtered and processed based on the reader's background, education and secure other factors.

To the topic

In my article I draw to the fairly revolutionary conclusions.

I have sent requests to various magazines, researchers, but no one was interested to publish or comment on my article. I got the tip to publish this article on viXra, and I did. It was 28 downloads of it, but no one commented anything.

Therefore, I have removed it from viXra and published the article by publisher Books on Demand.

I do not advertise my article by writing another. I'm not looking to make money on it.

What happened?

As you might imagine, I wanted to have a discussion on the topic, a discussion of my analysis and conclusions. Deep down I had a feeling that I am right. But as you know, there is not enough emotion to prove / disprove a scientific theory. We need evidence, calculations and much more.

Because there were so few that bought / read my article, I have sent the printed copy to some people at various institutions in both Sweden and other countries.

Sawing of my article about the Big Bang
Jan Slowak

For shipment I put a cover letter with the following content:

***

Big Bang theory is the prevailing theory of the origin of the universe and its development. Its main argument is the so-called "galactic escape".
The analysis of the light from galaxies shows that the spectral lines are shifted to the red part of the spectrum. Based on the Doppler effect interpret this to mean that "most" of galaxies receding from the observer. One says that in the past was galaxies closer together. If one goes even further back in time, this means that the entire universe was compressed into a point that exploded. There we have Big Bang.

With the help of the analysis of existing data the author shows that the main argument for the Big Bang theory is incorrect.

I wonder if there is anyone in your institution who would oppose my work and my conclusions. Or if there is a possibility that I will present my work in any seminar or in a small group.
***

Sawing of my article about the Big Bang
Jan Slowak

So far I have received one reply from an opponent.
When I saw the response in my email box, I was tense to the maximum of expectations!

Here is the answer:

***

I have read your book and find it does not really add anything to science, see the attached comments. It is full of deliberate (?) misunderstanding with the obvious origin aim to try to shoot down the theory that currently thoroughly outperforms other proposed interpretations of the origin of the universe and its history. I suggest you seek out and try to understand contemporary literature and scientific methodology. The Big Bang theory is taught at all prestigious universities that have astronomy teaching.

Big Bang Theory is accepted by very close of all cosmologists and astronomers today. It is good that there are people who are trying to find errors in theory and seeking other explanations - we can never prove that there is no better theory. We stick to the currently most probable theory (and the current moment has been and promises to be persistent). And those who want to refute the theory must show that research methods are as thorough and well-founded as it is very sturdy trusses that make up the physics and astrophysics today. Your book does not come close to this and we have no interest in further exchanges. You have to say, burning your ships with us.

I just got to know that I'm not the only recipient of your book - I hope therefore that the other recipients are not also using several hours of valuable time to comment on it.

With friendly but firm greeting
***

Oh, oh, oh!
What do you think, how I felt? After a few days I thought that I must publish this critique of my article. But it was not easy. We talked about it at home, with my wife and my daughter. They are not familiar with either astronomy or even less in cosmology. But despite this, they suggested not to publish criticism. I should be happy that I got the

answer. I'll ignore it ...

And gradually, I have waited and continued to read one astronomy / cosmology book after the other.
I have pondered and wondered: could it be that my article is so bad, that I am so completely way off, that I misunderstand so thoroughly this subject that I love so much?

I read on, read and recorded. I've actually taken a course in cosmology by edX.
The course is called: ANUx: ANU ASTRO4x Cosmology

I have got my certificate.
CERTIFICATE ID NUMBER
d1c319aed7154a6586853496ad2fb57f
I am pleased! Now it is more justified to call me an amateur scientist, amateur cosmologist!

A book I read recently, and that made me decide to publish this critique of my article was

Sawing of my article about the Big Bang
Jan Slowak

This Idea Must Die from edge.org. I did not read the whole book. There are lots of posts on 2-3 pages. But I refer to two of them:
1) Lee Smolin: The Big Bang Was the First Moment of Time
2) Kate Mills: Only Scientists Can Do Science

Analysis of the criticisms / comments

We will return to the response and comments I received and the cover letter, you could read in its entirety before.
To the letter was attached a copy of a number of pages from my article with handwritten comments. This annex you will find at the end of the letter.

I intend to defend myself, defend my article the best I can.
In order to be able to refer to this analysis of the article's criticism or parts of it, I intend to

do the following:

TXnn, enn, snn: – Marks / reproduce my text, page English text, page Swedish text
KMnn: – Comment
ARnnb: – My counterargument
REnn: - Results: mark with
(?) - Though I'm not sure of the outcome of the duel
(=) - If the duel is a draw
(-) - I have flaws, defects or similar
(+) - I believe that I have the right

As you can see I publish my articles in both English and Swedish. My opponent has made notes, comments on the Swedish but on the English text.

We begin.

Sawing of my article about the Big Bang
Jan Slowak

Chapter **Historical review:**

TX01, e8, s38:
Most scientists still believe that the universe is eternal and static.
KM01:
No, not scientists
AR01a:
Swedish-English Dictionary: researcher (scientist) = scientists
AR01b:
Checked the English Wikipedia, the word "Scientist", e.g., Albert Einstein. He was one of those who still believed that the universe is eternal and static.
RE01: (+)

TX02, e8, s39:
People analyze the spectra of light from distant nebulae / galaxies.
Wavelengths of light are slightly offset, and this is explained by the Doppler effect (*only!*):

KM02:
No, gas pressure, gravity, the universe's expansion (≠ Doppler effect)

AR02a:
The opponent has punctuated the word "only". In many graphical presentations one shows the relationship between the distance and speed

AR02b:
Hubble used only Doppler effect to explain redshift why I wrote "only"

RE02: (+)

TX03, e9, s39:
- If a cosmic object approaching, the light is shifted toward shorter wavelengths - *blue shift*

KM03:
Ja

RE03: (+)

TX04, e9, s39:
- If a cosmic object moves away, the light is

shifted towards longer wavelengths - *redshift*
KM04:
Valid for movements in the room locally
AR04a:
this applies *blue shift,* **TX03,** I think
AR04b:
I reflect historical facts
RE04: (+)

TX05, e9, s39:
1929 - Edwin Hubble shows that there is a direct relationship between the galaxies distances and their speed, a fact known as Hubble's Law.
KM05:
no, redshift!
Opponent marks "and their speed"
AR05a:
References:
Astronomy, a book about the universe of Cl Lagerkvist and K Olofsson, page 245, fig 11.2
RE05: (+)

TX06, e9-10, s40:
But most astronomers and cosmologists still believe in the traditional model of an eternal and static universe.
KM06:
No: see every course in cosmology and orientation course about the universe
AR06a:
The above text is available in the chapter **Historical review**, and I placed it on the time scale shortly after that Einstein changed their perception of the universe's expansion.
At that time there were not many who thought like him. And he influenced all other
RE06: (+)

Chapter **My background:**

TX07, e11, s41:
They applied the Doppler effect and Voila! "most" galaxies moves away from us.
KM07:

Expansion Not Doppler effect; it has no limit at speed of light
AR07a:
This I do not understand; I meant that one applied the Doppler effect to measure the displacements of the wavelength of light
RE07: (?)

TX08, e11, s41:
But they have not analyzed the dependence between distance and redshift.
KM08:
Well many times and very critical
AR08a:
I would like to see a reference in the literature; I'm talking about the Hubble and others' work at that time
RE08: (?)

TX09, e11, s41:
And *this mistake* has created the theory of the Big Bang. After this they created the theory of

inflation to explain everything else that was inconsistent with the observations of our universe.

After this they created dark matter and dark energy to explain everything else that was inconsistent with the observations of our universe.

KM09:

In addition to the room's expansion there is more support for BB. There is no nearly as "good" approach to explain the universe we observe, for example:

* The cosmic microwave background
* The amounts of the lightest elements in the Universe
* Limited age of the oldest stars we observe

AR09a:

In my article, I analyze the distance to various cosmic objects and the redshift of light from these objects. I'm talking about "galaxies escape"

RE09: (?)

Sawing of my article about the Big Bang
Jan Slowak

Chapter **A look at the data raises questions:**

TX10, e13, s43-44:
In the table below, T01, I show six cosmic objects which pairwise have the same redshift, but whose distance from us differ by a factor of between 1.3 and 5.5.
T01:

GID	DNR	GNR	d	z
COMBO-17 19434	19402	4740	4050	1,551000
SN 2003ak	999999	4740	5540	1,551000
COMBO-17 40328	19268	4718	1150	1,400000
SN 2002fx	999999	4718	6420	1,400000
COMBO-17 29383	19274	4720	2570	1,370000
SN HST04Mcg	999999	4720	4690	1,370000

KM10:
Each "pair" is exactly the same items
The difference is due to that one make various measurements and obtained different results!
AR10a:
it is unfortunate that one use different names for the same cosmic objects

AR10b:
and for me and my analysis, it does not matter if it's the same object or not; it is a measurement (distance, red shift)
AR10c:
check in the table above, the example in the middle; Opponent says it's the same object; how can it be that two measurements gives the distance difference d = 6420 Mpc - 1150 Mpc = 5270 Mpc
AR10d:
How can you trust such measurements?
AR10e:
we are in the chapter **A look at the data raises questions**; just that: this raised some questions in my head
RE10: (+)

TX11, e14, s44:
same as above
KM11:
I can not find (the opponent marks the

distance d = 2,570 Mpc for the object COMBO-17 29383)

AR11a:

I show all entries for COMBO-17 29383 from the downloaded file:

Galaxy ID	DNR	GNR	d
COMBO-17 29383	19365	4744	2570.00
COMBO-17 29383	19366	4744	3060.00
COMBO-17 29383	19367	4744	3830.00
COMBO-17 29383	19368	4744	4080.00
COMBO-17 29383	19369	4744	4360.00
COMBO-17 29383	19370	4744	4380.00
COMBO-17 29383	19371	4744	4440.00
COMBO-17 29383	19372	4744	4600.00
COMBO-17 29383	19373	4744	4620.00
COMBO-17 29383	19374	4744	4690.00

the first entry from the top is part of my table T01 in the article.

RE11: (+)

TX12, e14-15, s44-45:
Parts of the universe with different distances from us, has the same redshift, are receding from us at the same speed.
KM12:

No, just that the different measurements sometimes give very different answers to the same question
AR12a:
if it is so that "different measurements sometimes give very different answers to the same question" then I wonder how do you choose among to produce "real" scientific theories? I did in my article a statistical processing of these measurements, all of them
AR12b:
we are in the chapter **A look at the data raises questions**; just that: this raised some questions
RE12: (+)

TX13: e15, s45
table T02 of the article; opponent specify a range of values of the distance
KM13:
different measurements produce different results

AR13a:

we are in the chapter **A look at the data raises questions**; just that: this raised some questions

AR13b:

this is an example, I always show the exact entry from the database

RE13: (+)

TX14, e15, s45:

Data from table T02 is contrary to Hubble's Law: $v = H_0 * d$ versus $v = z * c$.

KM14:

In a database of raw data are often inaccurate and sometimes unreasonable data. You choose apparently out ones. If instead you plot all z against all d you find probably one or other unreasonable data point. Non-linear

AR14a:

we are in the chapter **A look at the data raises questions**; just that: this raised some questions and I drew conclusions

RE14: (+)

**TX15, e16, s46:
Parts of the universe that are at the same distance from us, have different redshift, are receding from us at different speeds.
KM15:**
No, the database contains various errors and uncertainties
AR15a:
that is precisely why I continued to analyze the data statistically; I took in the analysis all records with both z and d whether they were "reasonable and proper" or "unreasonable and erroneous"
RE15: (+)

Chapter **Analysis of data:**

TX16, e16, s46:
1) $zd = z / d$
KM16:

Sawing of my article about the Big Bang
Jan Slowak

nonlinear relationship
AR16a:
I show below a chart of the relationship between the *zd* and *d* all the records with the distance between 0 and 100 Mpc;
and it is **linear** except for some "unreasonable and wrong "measurements

Diagram d-zd, d(0,100 Mpc)

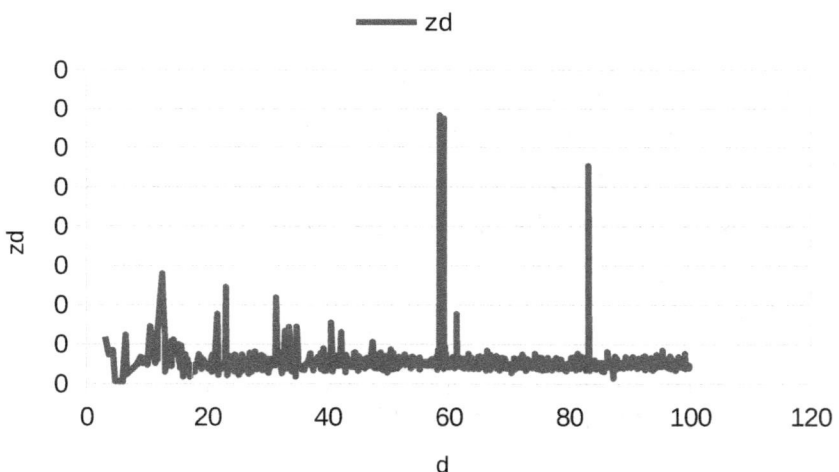

The left side of the chart, instead of zeros it should be, from top to bottom, the following

Sawing of my article about the Big Bang
Jan Slowak

numbers:

0,004000
0,003500
0,003000
0,002500
0,002000
0,001500
0,001000
0,000500
0,000000

AR16b:

average from the chart is somewhere between 0.000000 and 0.000500, it looks directly

RE16: (+)

TX17, e16, s46:

2) zf = SUM(zd) / number of entries (objects)

KM17:

the average value of a nonlinear relationship – WHY?

AR17a:

see diagram above: the relationship is linear

AR17b:

and you see that the average value is about 0.000250

RE17: (+)

TX18, e18, s48:
3) $d(z, zf) = z/zf$
$d(z, zf)$ = ***calculated distance*** using *redshift* and *redshift factor*
KM18:
assuming a linear z-d-relation
AR18a:
see AR16a
RE18: (+)

TX19, e18, s48:
4) $z(d, zf) = d*zf$
$z(d, zf)$ = ***calculated redshift*** using *distance* and *redshift factor*
KM19:
under the same assumption
AR19a:
see AR16a
RE19: (+)
TX20, e18, s48:

5) $dif(d) = d-d(z, zf)$
dif(d) = the difference between object's *measured distance* and *the calculated distance*
KM20:
under the same assumption
AR20a:
see AR16a
RE20: (+)

TX21, e18, s48:
6) $dif(z) = z-z(d, zf)$
dif(z) = the difference between object's *measured redshift* and *the calculated redshift*
KM21:
under the same assumption
AR21a:
see AR16a
RE21: (+)

TX22, e19, s49:
The measured redshift is primarily not an indication of the object's speed, but on its

distance to us!
KM22:
Yes, that is what the Hubble parameter is often used even with some uncertainties
AR22a:
see How old is the universe? by David A. Weintraub, ISBN: 978-0-691-14731-4, sida 220;, figure 19.1: here is Hubble's chart of 1929 and it shows the relationship between the distance and <u>speed</u>
AR22b:
Hubble had measurements of distances and red shift to 48 galaxies (nebulae);
but one analyzing <u>only</u> the relationship between the distance and speed
AR22c:
I analyze 26,790 measurements of distances and the red, blue shift
RE22: (+)

TX23, e20, s50:
If *the absolute redshift* is positive, we have to

do with redshift of light, if *the absolute redshift* is negative, we have to do with the blueshift of light.
KM23:
Yes, a galaxy may have a little less or a higher z than the measured distance (with errors) gives
AR23a:
—
RE23: (+)

TX24, e21, s51:
Number of galaxies / cosmic objects with redshift is not "most" as the Big Bang theory says.
KM24:
do not understand; Opponents highlight "most"
AR24a:
I am referring here to all the articles of the Big Bang; you usually read in them that **most** galaxies have the redshift, that most galaxies are moving away from us (except some in our

neighborhood;
RE24: (+)

TX25, e21-22, s51:
The result is shown in the table T04: we see here that all populations show that the distribution of objects redshift and blue shift is roughly 50/50!
KM25:
There one can expect!
Note: In addition z due expansion the galaxies have their own local speeds within the galaxy cluster. This adds or subtracts a part of z. This part is a real Doppler effect and is as often positive as negative
AR25a:
—
RE25: (+)

TX26, e23, s53:

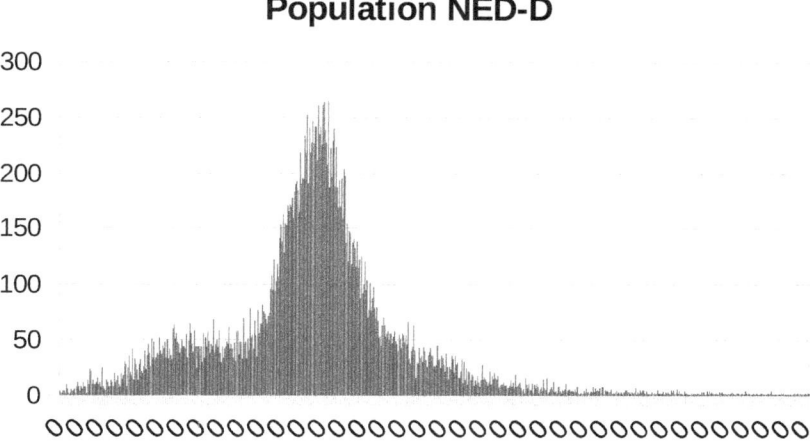

KM26:
What do you have on your axes ??
AR26a:
When I pasted the chart in the document disappeared values on the x-axis representing d (distance); similar has happened in this letter, see AR16a
RE26: (-)

TX27, e23, s53:
(?) I think that this applies to TX25.
KM27:

If one subtracts the Hubble expansion then obviously to galaxies have remain both negative and positive red shift. Moreover, d have often large uncertainties

AR27a:

—

RE27: (+)

TX28, e24, s54:

n1sd=21310 %n1sd=21310/26790*100=79,5
n2sd=26046 %n2sd=26046/26790*100=97,2

KM28:

Nothing strange

AR28a:

—

RE28: (+)

TX29, e24, s54:

79.5% of the values are within one standard deviation (theory needs 68%) and 97.2% are within two standard deviations.

KM29:

Why would the values around the mean value from a non-linear relationship to be Gaussian distributed?
There are selection effects in the database that makes you not have a statistically controlled selection of the objects
AR29a:
see the above chart; it right shows a Gaussian distribution
RE29: (+)

Chapter **Epilogue:**

TX30, e25, s55:
Most entries from NED and all records from the SDSS (Sloan Digital Sky Survey) show only redshift but not distance!
KM30:
because what distance you get depends on what geometry we assume / choose the universe
<u>The distance often not interesting for a study</u>

Sawing of my article about the Big Bang
Jan Slowak

AR30a:
oh! we're not there yet, to talk about geometries;
we analyze the data and then we draw conclusions;
AR30b:
oh! oh! oh! How can one say that the distance is not interesting for the study?
I'm just doing a survey to see the relationship between the distance d and redshift per unit distance zd.
AR30c:
I underline the sentence because I think it is extremely strange assertion, therefore 3 (+)
RE30: (+) (+) (+)

TX31, e26, s56:
Galaxies move in all directions, there is no obvious tendency that "most" of them would be moving away from us.
KM31:
No, but the space between the galaxies are

growing all the time
AR31a:
we're talking about different things; I describe the conclusion of the analysis
RE31: (?)

TX32, e26, s56:
There is no expansion!
There was no Big Bang!
KM32:
Do you have a "cleverer" idea ??
AR32a:
it was hard to say!
AR32b:
it is what my analysis of the data says
RE32: (+)

TX33, e26, s56:
1) NGC 5253, d= 3.6 Mpc, $z = 0.001358$
KM33:
9646 ?

Sawing of my article about the Big Bang
Jan Slowak

AR33a:
it's 6946
RE33: (-)

TX34, e26, s56:
1) NGC 5253, d= 3.6 Mpc, $z = 0.001358$
2) NGC 9646, d= 6.2 Mpc, $z = 0.000160$
KM34:
Here you have apparently chosen two galaxies that are different from <u>the general trend</u>. Then of course the result is other than one expects from <u>the typical couple</u>.
AR34a:
if you follow the trend will come to the same conclusions that all who follow the trend!
AR34b:
you do not research by following the trend!
AR34c:
I expected nothing special performance, I only analyzed data and took two examples to show the effect of the absolute redshift az, one positive and one negative

AR34d:
there is no typical pair of galaxies in this context
AR34e:
I underline two expressions of the comment because I think they are very strange, therefore 3 (+)
RE34: (+) (+) (+)

TX35, e27, s57:
NGC 5253
KM35:
$d \in [2.7, 5.2]$ Mpc
AR35a:
I show one measurement
AR35b:
There are many examples in the database where there is a single measurement of an object; how would you then show example?
RE35: (+)

TX36, e28, s58:

Sawing of my article about the Big Bang
Jan Slowak

NGC 6946
KM36:
d ∈ [4, 12] Mpc
AR36a:
I show one measurement
RE36: (+)

Chapter **Consequences:**

TX37, e29, s59:
K1: The main consequence of the above analysis is an argument against "galaxies escape".
KM37:
No, they do not flee. They follow with the room's expansion
AR37a:
it is clear from the analysis and the expression "galaxies flight" can be seen in many books on the subject cosmology
RE37: (+)

TX38, e29, s59:
K2: Second most important consequence is how *absolute redshift* affect the calculation of the velocity of cosmic objects.
KM38:
improper (?) and the misleading name of deviations (probably the uncertainty of measurement) from the general trend, and (?) from an unhealthy-linear-assumption
AR38a:
absolute *red shift (blue shift)*
is my own term
AR38b:
why should it be "improper and misleading term"?
AR38c:
I make no assumptions in my article, I analyze the data; the relationship between the distance d and redshift per unit distance zd is linear!
RE38: (+) (+) (+)

TX39, e29, s59:

Sawing of my article about the Big Bang
Jan Slowak

GID	d	z	z(d,zf)	dif(z)	rf	bf
MESSIER 066	10,10	0,002425	0,002414	0,000011	1	0
MESSIER 101	6,69	0,000804	0,001599	-0,000795	0	1

KM39:

NGC 3627 - active galaxy

NGC 5457, interacting galaxy

2 nearby galaxies with large individual speeds relatively Hubble expansion

AR39a:

it does not matter whether the object named MESSIER 066 or NGC 3627

AR39b:

I only regret that one have different names for the same object

RE39: (+)

The outcome of this duel

It was 33 (+), 4 (?) And 2 (-). That there are so many (+) may be that I, in this analysis of comments to my article, was very subjective. Therefore, I would like that you do this analysis, this comparison, more objective!

Sawing of my article about the Big Bang
Jan Slowak

RE01: (+)	RE11: (+)	RE21: (+)	RE31: (?)
RE02: (+)	RE12: (+)	RE22: (+)	RE32: (+)
RE03: (+)	RE13: (+)	RE23: (+)	RE33: (-)
RE04: (+)	RE14: (+)	RE24: (+)	RE34: (+) (+) (+)
RE05: (+)	RE15: (+)	RE25: (+)	RE35: (+)
RE06: (+)	RE16: (+)	RE26: (-)	RE36: (+)
RE07: (?)	RE17: (+)	RE27: (+)	RE37: (+)
RE08: (?)	RE18: (+)	RE28: (+)	RE38: (+) (+) (+)
RE09: (?)	RE19: (+)	RE29: (+)	RE39: (+)
RE10: (+)	RE20: (+)	RE30: (+) (+) (+)	

But the serious now!
Is there any mathematical errors in my article? Logical errors? Interpretation? Yes, everyone interprets the data in its own way!
I analyze the relationship between the distance d and redshift per unit distance zd! And I draw conclusions that follow this analysis.
Must one not make such an analysis?
Must one follow the "trend"? Either it's all about galaxies trend or scientists!
Have galaxies a trend? Scientists may have!
Do not gamble distance any part in a survey? It is the worst I have heard or read!

Sawing of my article about the Big Bang
Jan Slowak

Hubble's article from 1929 called:
A Relation between Distance and Radial Velocity Among Extra-Galactic Nebulae. These include <u>the distance</u> in the survey.

Anyway: I do not think that my article is so bad that you would write that I "have burned my ships" to all higher education institutions! Why? Why? Why?

I would wish me to any physicist, astronomer or cosmologist looked at these comments objectively.

I am grateful if readers will comment on my email address:
<u>jan.slowak@gmail.com</u>

Enter topic:
Sawing of my article about the Big Bang

Sawing of my article about the Big Bang
Jan Slowak

Introduktion

Den 11 mars 2015 publicerade jag en artikel/bok i ämnet kosmologi. Dess titel är: *Redshift factor, Absolute redshift, Galaxies red / blue distribution*.

I artikeln hade jag som avsikt att göra en kort genomgång av Stora Smällen-teorin, *Big Bang,* och framlägga min analys av befintligt data och hur denna analys motsäger (enligt min åsikt, självklart) det viktigaste argumentet för Big Bang, så kallad "galaxernas flykt".

Jag har högskolestudier i matematik och data, kallar mig därför matematiker.
Jag jobbar inte inom akademivärlden och därför kan jag inte kalla mig forskare.
Men kanske skulle passa bättre amatörforskare. Om du tillåter det. Jag tänker ju, grubblar, läser, har det som hobby. Jag är

Sawing of my article about the Big Bang
Jan Slowak

fascinerad av all sorts vetenskap. Mest kosmologi, antropologi, historia.

Det är fantastiskt att läsa om forskarnas nya upptäckter, nya framgångar, nya teorier, nya tolkningar.

Men allt man läser filtreras och bearbetas utifrån läsarens bakgrund, utbildning och säker andra faktorer.

Till ämnet

I min artikel kommer jag till ganska revolutionerande slutsatser, enligt min åsikt.

Jag har skickat förfrågningar till olika tidskrifter, forskare, men ingen var intresserad att publicera eller kommentera min artikel. Jag fick tips att publicera artikeln på viXra, och det gjorde jag. Det var 28 nedladdningar av den, men ingen

kommenterade något.
Därför har jag tagit bort den från viXra
och publicerat artikeln i min egen regi genom
förlaget Books on Demand.

Jag gör inte reklam för min artikel genom att
skriva en annan. Jag är inte ute efter att tjäna
pengar på den.

Vad hände?

Som du kanske förstår, ville jag ha en
diskussion om ämnet, en diskussion om min
analys och slutsatser. Innerst inne hade jag en
känsla att jag har rätt. Men som du vet så
räcker inte känslor för att bevisa/motbevisa en
vetenskaplig teori. Det behövs bevis,
beräkningar och mycket mer.

Därför att det var så få som köpte / läste min
artikel har jag skickat det tryckta exemplaret
till några personer på olika institutioner i både

Sawing of my article about the Big Bang
Jan Slowak

Sverige och andra länder.

Till försändelsen la jag ett följebrev med följande innehåll:

***

Stora Smällen-teorin är den rådande teorin om universums ursprung och dess utveckling. Dess huvudargument är den så kallad "galaxernas flykt". Analysen av ljuset från galaxer visar att dess spektrallinjer är förskjutna till den röda delen av spektrumet. Utifrån dopplereffekten tolkar man detta som att "de flesta" galaxer avlägsnar sig från observatören. Man menar att förr i tiden var galaxer närmare varandra. Om man går ännu längre bakåt i tiden innebär detta att hela universum var komprimerat i en punkt som exploderade. Där har vi Stora Smällen, Big Bang.

Med hjälp av analysen av befintligt data visar författaren att huvudargumentet för Stora Smällen-teorin är felaktigt.

Jag undrar om det finns någon på er institution som skulle vilja opponera mitt arbete och mina slutsatser. Eller om det finns möjlighet att jag själv presenterar

Sawing of my article about the Big Bang
Jan Slowak

mitt arbete på något seminarium eller i en mindre grupp.

***

Hittills har jag fått svar från en opponent. När jag såg svaret i min e-post boxen var jag spänd till maximum av förväntningar!

Här är svaret:

***

Jag har läst igenom din bok och finner inte att den tillför något till vetenskapen, se bifogade kommentarer. Den är full av avsiktliga(?) missförstånd med det uppenbara ursprungsmålet att försöka skjuta ner den teori som för närvarande grundligt överträffar andra föreslagna tolkningar av universums ursprung och historia. Jag föreslår att du söker upp och försöker förstå modern kurslitteratur och vetenskaplig metodik. Big Bang-teorin undervisas vid alla ansedda universitet som har astronomiundervisning.

Big Bang-teorin omfattas av väldigt nära alla kosmologer och astronomer i dag. Det är bra att det finns personer som försöker hitta felaktigheter i teorin

Sawing of my article about the Big Bang
Jan Slowak

och söker andra förklaringar - vi kan aldrig bevisa att det inte finns någon bättre teori. Vi håller oss till den för tillfället mest sannolika teorin (och det innevarande tillfället har varit och ser ut att bli långlivat). Och den som vill motbevisa teorin måste visa att forskningsmetoderna är lika grundliga och väl underbyggda som det mycket stadiga fackverk som bygger upp fysiken och astrofysiken i dag. Din bok kommer inte i närheten av detta och vi har därför inget intresse av vidare utbyte. Du har så att säga bränt dina skepp med oss.

Jag fick nyss veta att jag inte är den enda mottagaren av din bok - jag hoppas därför att övriga mottagare inte också använder flera timmars värdefull arbetstid för att kommentera den.

Med vänlig men bestämd hälsning
***

Oj, oj, oj!
Vad tror du, hur kände jag? Efter några dagar tänkte jag att jag måste publicera denna kritik av min artikel. Men det var inte lätt. Vi pratade hemma om det, med min hustru och

Sawing of my article about the Big Bang
Jan Slowak

min dotter. De är inte insatta i varken astronomi eller ännu mindre i kosmologi. Men trots detta föreslog de att inte publicera kritiken. Att jag ska vara nöjd att jag fick svar. Att jag ska strunta i det ...

Och vist har jag avvaktat och fortsatt läsa det ena astronomi/kosmologi bok efter den andra. Jag har funderat och funderat: kan det vara så att min artikel är så dålig, att jag är så fullständigt ute och cyklar, att jag missförstår så grundligt detta ämne som jag älskar så mycket?

Jag läste vidare, läste och antecknade. Jag har faktiskt gått en kurs i kosmologi genom edX. Kursen heter: ANUx: ANU-ASTRO4x COSMOLOGY

Jag har fått mitt certifikat.
CERTIFICATE ID NUMBER
d1c319aed7154a6586853496ad2fb57f
 Jag är nöjd! Nu är det mer befogat att kalla

mig amatör forskare, amatör kosmolog!

En bok jag läste nyss och som gjorde att jag bestämde mig för att publicera denna kritik av min artikel var This Idea Must Die från edge.org. Jag läste inte hela boken. Det finns massor av inlägg på 2-3 sidor. Men jag hänvisar till två av dem:
1) Lee Smolin: The Big Bang Was the First Moment of Time
2) Kate Mills: Only Scientists Can Do Science

Analys av kritiken/kommentarer

Vi återkommer till svaret och kommentarer jag fick och det följebrev ni kunde läsa i sin helhet innan.
Till brevet bifogades en kopia av ett antal sidor från min artikel med handskrivna kommentarer. Denna bilaga finner ni i slutet av skrivelsen.

Jag tänker försvara mig, försvara min artikel

så gott jag kan.
För att man ska kunna hänvisa till denna analys av artikelns kritik eller delar av den tänker jag göra på följande sätt:

TXnn, enn, snn: – Markerar/återger min text, sida engelsk text, sida svensk text
KMnn: – Kommentar
ARnnb: – Mina motargument
REnn: - Resultat: markerar med
(?) - om jag är osäker om utgången av duellen
(=) - om duellen är oavgjort
(-) - om jag har brister, fel eller liknande
(+) - om jag anser att jag har rätt

Som du ser publicerar jag mina artiklar både på engelska och svenska. Min opponent har gjort anteckningar, kommentarer på svenska men på den engelska texten.

Vi börjar.

Sawing of my article about the Big Bang
Jan Slowak

Kapitel **Historisk tillbakablick:**

TX01, e8, s38:
De flesta forskare anser fortfarande att universum är evigt och statiskt.
KM01:
Nej inte naturvetare
AR01a:
Svensk-engelsk ordbok: forskare (naturvetenskapsman) = scientists
AR01b:
Kollade engelsk Wikipedia, ordet "scientist", t ex Albert Einstein. Han var en av dem som trodde fortfarande att universum är evigt och statiskt.
RE01: (+)

TX02, e8, s39:
Man analyserar spektra från ljuset som kommer från avlägsna nebulosor/galaxer. Ljusets våglängder är lätt förskjutna och detta förklaras genom dopplereffekten (*endast!*):

KM02:

Nej gastryck, gravitation, universums expansion (≠ dopplereffekt)

AR02a:

Opponenten har inrutat ordet "endast".
I många grafiska presentationer visar man förhållandet mellan avstånd och hastighet

AR02b:

Hubble använde endast dopplereffekten för att förklara rödförskjutningen därför skrev jag "endast"

RE02: (+)

TX03, e9, s39:

- hos ett kosmiskt objekt som närmar sig är ljuset förskjutet mot kortare våglängder - *blåförskjutning*

KM03:

Ja

RE03: (+)

TX04, e9, s39:

- hos ett kosmiskt objekt som avlägsnar sig är ljuset förskjutet mot längre våglängder - *rödförskjutning*
KM04:
Gäller för rörelser i rummet lokalt
AR04a:
detta gäller *blåförskjutning,* **TX03,** tror jag
AR04b:
jag återger historiska fakta
RE04: (+)

TX05, e9, s39:
1929 – Edvin Hubble visar att det råder ett direkt förhållande mellan galaxernas avstånd och deras fart, ett faktum som kallas Hubbles lag.
KM05:
nej, rödförskjutning!
opponenten rutar in "och deras fart"
AR05a:
Hänvisar till:
Astronomi, en bok om universum av C-I

Lagerkvist och K Olofsson, sida 245, bild 11.2

RE05: (+)

TX06, e9-10, s40:
Men de flesta astronomer och kosmologer tror fortfarande på den traditionella modellen med ett evigt och statiskt universum.

KM06:
Nej: se varenda kurs i kosmologi och orienterande kurs om universums

AR06a:
ovan text finns i kapitlet **Historisk tillbakablick,** och jag placerade den på tidsskalan strax efter att Einstein ändrade sin uppfattning om universums expansion.
På den tiden var det inte många som trodde som han. Och han påverkade alla andra

RE06: (+)

Kapitel **Min bakgrund:**

TX07, e11, s41:
De tillämpade Dopplereffekten och Voilà! "de

flesta" galaxer rör sig bort från oss.
KM07:
Expansionen ej Dopplereffekt; den har ingen begränsning vid ljushastigheten
AR07a:
det här förstår jag inte; jag menade att man tillämpade Dopplereffekten på uppmäta förskjutningar av ljusets våglängd
RE07: (?)

TX08, e11, s41:
Men de har inte analyserat beroendet mellan avstånd och rödförskjutning.
KM08:
Jo många gånger och mycket kritiskt
AR08a:
här skulle jag vilja se en hänvisning i litteraturen; jag pratar om Hubbles och andras arbete
RE08: (?)

TX09, e11, s41:

Sawing of my article about the Big Bang
Jan Slowak

Och *denna miss* har skapat teorin om Big Bang. Sedan skapades inflationsteorin för att förklara allt annat som var oförenligt med iakttagelser av vårt universum.
Sedan skapade man mörk materia och mörk energi för att förklara allt annat som var oförenligt med iakttagelser av vårt universum.
KM09:
Förutom rummets expansion finns flera stöd för BB. Det finns ingen tillnärmelsevis lika "duktig" metod att förklara det universum vi observerar, t ex:
* Den kosmiska mikrovågsbakgrunden
* Mängderna av de lättaste grundämnena i Universum
* Begränsad ålder på de äldsta stjärnorna vi observerar
AR09a:
I min artikel analyserar jag avstånd till olika kosmiska objekt och rödförskjutning av ljuset från dessa objekt. Jag pratar om "galaxernas flykt"

Sawing of my article about the Big Bang
Jan Slowak

RE09: (?)

Kapitel **En titt på data väcker frågor:**

TX10, e13, s43-44:
I tabellen nedan, T01, visar jag sex kosmiska objekt som parvis har samma rödförskjutning men vars avstånd från oss skiljer sig med en faktor på mellan 1,3 och 5,5.
T01:

GID	DNR	GNR	d	z
COMBO-17 19434	19402	4740	4050	1,551000
SN 2003ak	999999	4740	5540	1,551000
COMBO-17 40328	19268	4718	1150	1,400000
SN 2002fx	999999	4718	6420	1,400000
COMBO-17 29383	19274	4720	2570	1,370000
SN HST04Mcg	999999	4720	4690	1,370000

KM10:
Varje "par" är exakt samma objekt
Skillnaderna beror på att man gjort olika mätningar och fått olika resultat!
AR10a:
det är olyckligt att man använder olika

benämningar/namn för samma kosmiska objekten

AR10b:
och för mig och min analys spelar det inte så stor roll om det är samma objekt eller inte; det är en mätning (avstånd, rödförskjutning)

AR10c:
kolla i tabellen ovan, exemplet i mitten; opponenten säger att det är samma objekt; hur kan det vara att två mätningar ger avståndskillnad på $d = 6\ 420$ Mpc $-\ 1\ 150$ Mpc $= 5\ 270$ Mpc

AR10d:
hur kan man lita på sådana mätningar?

AR10e:
vi befinner oss i kapitlet **En titt på data väcker frågor;** just det: detta väckte en del frågor i mitt huvud

RE10: (+)

TX11, e14, s44:
samma som ovan

KM11:

hittar jag inte (opponenten markerar avstånd d = 2 570 Mpc för objektet COMBO-17 29383)

AR11a:

visar alla poster från nedladdade filen:

Galaxy ID	DNR	GNR	d
COMBO-17 29383	19365	4744	2570,00
COMBO-17 29383	19366	4744	3060,00
COMBO-17 29383	19367	4744	3830,00
COMBO-17 29383	19368	4744	4080,00
COMBO-17 29383	19369	4744	4360,00
COMBO-17 29383	19370	4744	4380,00
COMBO-17 29383	19371	4744	4440,00
COMBO-17 29383	19372	4744	4600,00
COMBO-17 29383	19373	4744	4620,00
COMBO-17 29383	19374	4744	4690,00

den första posten från ovan ingår i min tabell T01 i artikeln.

RE11: (+)

TX12, e14-15, s44-45:
Delar av universum med olika avstånd från oss har samma rödförskjutning, utvidgar sig med samma hastighet.

KM12:

Nej, bara att olika mätningar ibland ger väldigt olika svar på samma fråga

AR12a:
om det är så att "olika mätningar ibland ger väldigt olika svar på samma fråga" då undrar jag hur väljer man bland de för att ta fram "riktiga" vetenskapliga teorier? Jag gjorde i min artikel en statistisk bearbetning av dessa mätningar, alla

AR12b:
vi befinner oss i kapitlet **En titt på data väcker frågor;** just det: detta väckte en del frågor

RE12: (+)

TX13: e15, s45
tabell T02 från artikeln; opponenten anger ett intervall av värden på avståndet

KM13:
olika mätningar ger olika resultat

AR13a:
vi befinner oss i kapitlet **En titt på data**

väcker frågor; just det: detta väckte en del frågor
AR13b:
detta är ett exempel, jag visar alltid den exakta posten från databasen
RE13: (+)

TX14, e15, s45:
Uppgifter från tabellen T02 är i strid med Hubbles lag: $v = H_0 {*} d$ kontra $v = z * c$.
KM14:
I en databas med rådata finns det ofta felaktiga och ibland orimliga data. Du väljer tydligen ut sådana. Om du istället plottar alla z mot alla d finner du förmodligen en och annan orimlig datapunkt. Ej linjär
AR14a:
vi befinner oss i kapitlet **En titt på data väcker frågor;** just det: detta väckte en del frågor och jag drog slutsatser allt eftersom
RE14: (+)

TX15, e16, s46:
Delar av universum som är på samma avstånd från oss, har olika rödförskjutning, utvidgar sig med olika hastigheter.
KM15:
Nej, databasen innehåller olika fel och osäkerheter
AR15a:
det är just därför jag fortsatte att analysera data statistiskt; jag tog i analysen alla poster med både z och d *oavsett* om de var "rimliga och korrekta" eller "orimliga och felaktiga"
RE15: (+)

Kapitel **Analys av data:**

TX16, e16, s46:
1) $zd = z / d$
KM16:
olinjär relation
AR16a:

Sawing of my article about the Big Bang
Jan Slowak

jag visar nedan ett diagram på relation mellan *zd* och *d* för alla poster med avstånd mellan 0 och 100 Mpc; och den är **linjär** förutom några "orimliga och felaktiga" mätningar

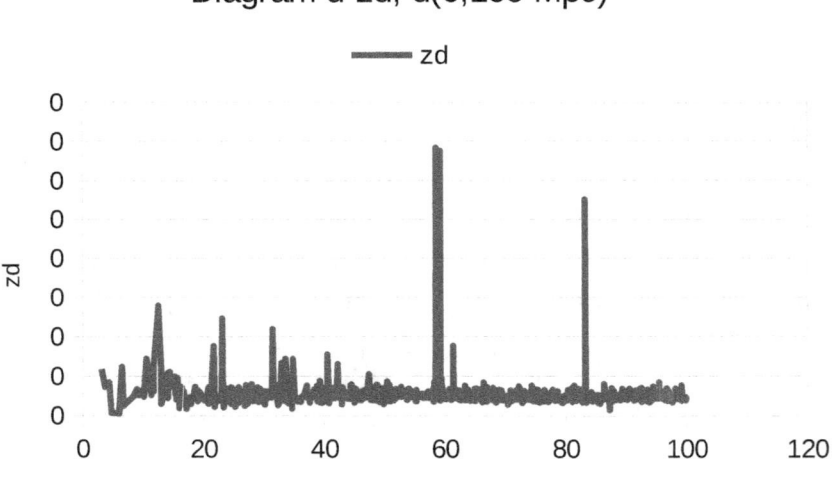

Vänstra sida av diagrammet, i stället för nollor bör det stå, uppifrån och nedåt, följande tal:

0,004000
0,003500
0,003000
0,002500
0,002000
0,001500
0,001000
0,000500
0,000000

AR16b:
medelvärdet från diagrammet finns någonstans mellan 0,000000 och 0,000500, det ser man direkt
RE16: (+)

TX17, e16, s46:
2) zf = SUM (zd) / antal poster (objekt)
KM17:
medelvärdet över en olinjär relation – VARFÖR?
AR17a:
se diagram ovan: relationen är linjär
AR17b:
och man ser att medelvärdet är cirka *0,000250*

RE17: (+)
TX18, e18, s48:
3) $d\ (z, zf) = z\ /\ zf$
d (z, zf) = beräknat avstånd med hjälp av *rödförskjutning* och *rödförskjutningsfaktor*
KM18:
under antagande av en linjär z-d-relation
AR18a:
se AR16a
RE18: (+)

TX19, e18, s48:
4) $z\ (d, zf) = d * zf$
z (d, zf) = beräknad rödförskjutning med hjälp av *avstånd* och *rödförskjutningsfaktor*
KM19:
under samma antagande
AR19a:
se AR16a
RE19: (+)

TX20, e18, s48:

5) dif (d) = d - d (z, zf)
dif (d) = skillnaden mellan objektets uppmäta *avstånd* och *det beräknade avståndet*
KM20:
under samma antagande
AR20a:
se AR16a
RE20: (+)

TX21, e18, s48:
6) dif (z) = z - z (d, zf)
dif (z) = skillnaden mellan objektets uppmäta *rödförskjutning* och *den beräknade rödförskjutningen*
KM21:
under samma antagande
AR21a:
se AR16a
RE21: (+)

TX22, e19, s49:
Den uppmätta rödförskjutningen är,

primärt, inte en indikation på objektets hastighet, utan på dess avstånd till oss!
KM22:
Ja, det är vad Hubble-parametern ofta används till och med en viss osäkerheter
AR22a:
se How old is the universe? av David A. Weintraub, ISBN: 978-0-691-14731-4, sida 220;, figure 19.1: här finns Hubble's diagram från 1929 och den visar relation mellan avstånd och <u>hastighet</u>;
AR22b:
Hubble hade mätningar av avstånd och rödförskjutning till 48 galaxer (nebulosor); men man analyserar <u>endast</u> relation mellan avstånd och hastighet
AR22c:
jag analyserar 26 790 mätningar av avstånd och röd-, blåförskjutning
RE22: (+)

TX23, e20, s50:

Om *den absoluta rödförskjutningen* är positiv, har vi att göra med rödförskjutning av ljuset, om *den absoluta rödförskjutningen* är negativ, har vi att göra med blåförskjutning av ljuset.
KM23:
Ja, en galax kan ha litet mindre eller högre z än vad uppmätt avstånd (med fel) ger
AR23a:
–
RE23: (+)

TX24, e21, s51:
Antal galaxer / kosmiska objekt med rödförskjutning är inte "de flesta" som Big Bang teorin säger.
KM24:
förstår inte; opponenter markerar "de flesta"
AR24a:
jag syftar här på alla artiklar om Big Bang; det brukar stå i de att de **flesta galaxer** har rödförskjutning, att de flesta galaxer rör sig bort från oss (förutom några i vår närområde;

RE24: (+)

TX25, e21-22, s51:
Resultatet visas i tabellen T04: vi ser här att alla populationer visar att fördelningen av objektens rödförskjutning och blåförskjutning är ungefär 50/50!
KM25:
Det kan man ju förvänta sig!
Obs: Förutom z p g a expansionen så har galaxerna sina egna lokala hastigheter inom sin galaxhop. Detta adderar eller subtraherar en del till z. Denna del är en verklig doppler effekt och är lika ofta positiv som negativ
AR25a:
—
RE25: (+)

TX26, e23, s53:

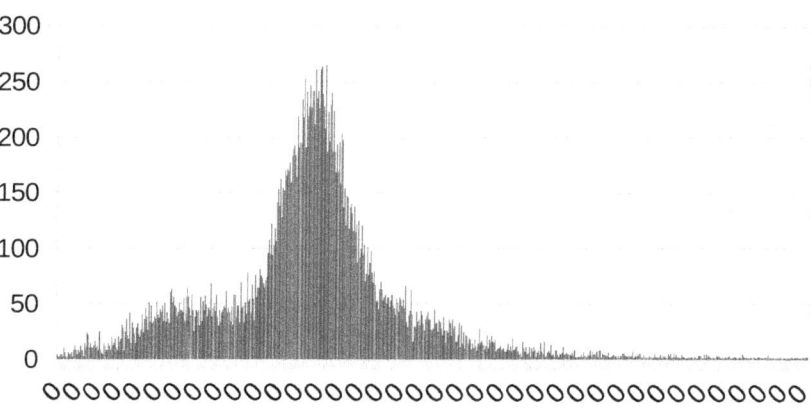

KM26:
Vad har du på axlarna??
AR26a:
när jag klistrade diagrammet i dokumentet så försvann värdena på x-axeln som representerar d (avstånd); liknade har hänt i denna skrivelse, se AR16a
RE26: (-)

TX27, e23, s53:
(?) jag tror att detta gäller TX25.
KM27:

Subtraherar man bort Hubbleexpansionen så har naturligtvis galaxerna kvar både negativa och positiva rödförskjutningar. Dessutom har d ofta stora osäkerheter

AR27a:

—

RE27: (+)

TX28, e24, s54:

n1sd=21310 %n1sd=21310/26790*100=79,5
n2sd=26046 %n2sd=26046/26790*100=97,2

KM28:
Inget konstigt

AR28a:

—

RE28: (+)

TX29, e24, s54:
79,5% av värdena ligger inom en standardavvikelse (teorin kräver 68%) och 97,2% är inom två standardavvikelser.

KM29:

Varför skulle värdena runt medelvärdet från en olinjär relation vara Gauss-fördelade? Det finns urvalseffekter i databasen som gör att man inte har ett statistiskt kontrollerat urval av objekten
AR29a:
se ovan diagram, den visar just en Gauss-fördelning
RE29: (+)

Kapitel **Epilog:**

TX30, e25, s55:
De flesta poster från NED och alla poster från (Sloan Digital Sky Survey) SDSS visar bara rödförskjutning men inte avstånd!
KM30:
därför att vilket avstånd man får beror på vilken geometri man antar/väljer för universum
<u>Avståndet ofta inte intressant för en undersökning</u>

Sawing of my article about the Big Bang
Jan Slowak

AR30a:

oj! vi är inte där än, att prata om geometrier;
vi analyserar data och sedan drar vi slutsatser;

AR30b:

oj! oj! oj! Hur kan man säga att avståndet är
inte intressant för undersökningen?
Jag gör just en undersökning för att se relation
mellan avstånd d och rödförskjutning per
avståndsenhet zd

AR30c:

jag stryker under meningen för jag anser att
det är ytterst märklig påstående, därför 3 (+)

RE30: (+) (+) (+)

TX31, e26, s56:

Galaxerna rör sig åt alla håll, det finns ingen
påtaglig tendens att "de flesta" skulle röra sig
bort från oss.

KM31:

Nej men rymden mellan galaxerna växer hela
tiden

AR31a:

vi pratar om olika saker; jag beskriver
slutsatsen av analysen
RE31: (?)

TX32, e26, s56:
Det finns ingen utvidgning!
Det fanns ingen Big Bang!
KM32:
Har du en "duktigare" idé??
AR32a:
det var hårt sagt!
AR32b:
det är vad min analys av uppgifterna säger
RE32: (+)

TX33, e26, s56:
2) NGC 9646, d = 6,2 Mpc, z = 0,000160
KM33:
9646 ?
AR33a:
det är 6946

RE33: (-)

TX34, e26, s56:
1) NGC 5253, d = 3,6 Mpc, z = 0,001358
2) NGC 9646, d = 6,2 Mpc, z = 0,000160

KM34:
Här har du tydligen valt ut 2 galaxer som skiljer sig från <u>den allmänna trenden</u>. Då blir naturligtvis resultatet annat än man förväntar sig från <u>typiska par</u>.

AR34a:
om man följer trenden kommer man till samma slutsatser som alla som följer trenden!

AR34b:
man gör inte forskning genom att följa trenden!

AR34c:
jag förväntade mig inget speciellt resultat, jag bara analyserade data och tog två exempel för att visa effekten av den absoluta rödförskjutningen az, en positiv och en negativ

AR34d:

det finns inga typiska par av galaxer i detta sammanhang

AR34e:

jag stryker under två uttryck från kommentaren för jag anser att de är ytterst konstiga, därför 3 (+)

RE34: (+) (+) (+)

TX35, e27, s57:

NGC 5253

KM35:

$d \in [2.7, 5.2]$ Mpc

AR35a:

jag visar en mätning

AR35b:

det finns många exempel i databasen där det finns en enda mätning för ett objekt; hur skulle man då visa exemplet?

RE35: (+)

TX36, e28, s58:

NGC 6946

KM36:
d ∈ [4, 12] Mpc
AR36a:
jag visar en mätning
RE36: (+)

Kapitel **Konsekvenser:**

TX37, e29, s59:
K1: Den viktigaste konsekvensen av analysen ovan är argumentet mot "galaxernas flykt".
KM37:
Nej, de flyr inte. De följer med rummets expansion
AR37a:
det framgår tydligt av analysen och uttrycket "galaxernas flykt" kan man se i många böcker om ämnet kosmologi
RE37: (+)

TX38, e29, s59:
K2: Näst viktigaste konsekvensen är hur *den*

absoluta rödförskjutningen (blåförskjutning) påverkar beräkningen av hastigheten av kosmiska objekt.

KM38:
oegentligt(?) och missledande namn på avvikelser (troligen mätosäkerhet) från den allmänna trenden och(?) från ett osunt-linjärt-antagande

AR38a:
absolut rödförskjutning (blåförskjutning) är min egen benämning

AR38b:
varför ska det vara "oegentligt och missledande namn"?

AR38c:
jag gör inga antaganden i min artikel, jag analyserar data; relationen mellan avstånd d och rödförskjutning per avståndsenhet zd är linjärt!

RE38: (+) (+) (+)

TX39, e29, s59:

GID	d	z	z(d,zf)	dif(z)	rf	bf
MESSIER 066	10,10	0,002425	0,002414	0,000011	1	0
MESSIER 101	6,69	0,000804	0,001599	-0,000795	0	1

KM39:

NGC 3627 – aktiv galax

NGC 5457, växelverkande galax

2 närbelägna galaxer med stora individuella hastigheter relativt Hubleexpansionen

AR39a:

det spelar ingen roll om objektet heter MESSIER 066 eller NGC 3627

AR39b:

jag bara beklagar att man har olika benämningar på samma objekt

RE39: (+)

Utfall av denna duell

Det blev 33 (+), 4 (?) och 2 (-). Att det är så många (+) kan bero på att jag, i denna analysen av kommentarer till min artikel, var mycket subjektiv. Därför skulle jag vilja att du gör denna analys, denna jämförelse, mer

Sawing of my article about the Big Bang
Jan Slowak

objektivt!

RE01: (+)	RE11: (+)	RE21: (+)	RE31: (?)
RE02: (+)	RE12: (+)	RE22: (+)	RE32: (+)
RE03: (+)	RE13: (+)	RE23: (+)	RE33: (-)
RE04: (+)	RE14: (+)	RE24: (+)	RE34: (+) (+) (+)
RE05: (+)	RE15: (+)	RE25: (+)	RE35: (+)
RE06: (+)	RE16: (+)	RE26: (-)	RE36: (+)
RE07: (?)	RE17: (+)	RE27: (+)	RE37: (+)
RE08: (?)	RE18: (+)	RE28: (+)	RE38: (+) (+) (+)
RE09: (?)	RE19: (+)	RE29: (+)	RE39: (+)
RE10: (+)	RE20: (+)	RE30: (+) (+) (+)	

Men på alvar nu!
Finns det några matematiska fel i min artikel? Logiska fel? Tolkning? Ja, alla tolkar data på sitt eget sätt!
Jag analyserar relationen mellan avstånd d och rödförskjutning per avståndsenhet zd! Och jag drar slutsatser som följer denna analys.
Får man inte göra en sådan analys?
Måste man följa "trenden"? Antingen det handlar om galaxernas trend eller forskarnas! Har galaxerna en trend? Forskarna kan ha!
Spelar inte avstånd någon roll i en undersökning? Det är det värsta jag har hört

eller läst!
Hubble's artikel från 1929 heter:
A Relation between Distance and Radial Velocity among Extra-Galactic Nebulae
Där ingår <u>avstånd</u> i undersökningen.

Hur som helst: jag tror inte att min artikel är så dålig att man skulle skriva att jag "har bränt mina skepp" med alla högskoleinstitutioner! Varför? Varför? Varför?

Jag skulle önska mig att någon fysiker, astronom eller kosmolog tittade på dessa kommentarer objektivt.

Jag är tacksam om läsaren kommer med synpunkter på min e-postadress:
jan.slowak@gmail.com

Ange ämnet:
Sågning av min artikel om Big Bang

Sawing of my article about the Big Bang
Jan Slowak

Redshift factor, Absolute redshift, Galaxies red / blue distribution
Jan Slowak

prevents the universe to collapse and we still have a static and eternal universe.

Alexander Fridman and George Lemaitre reject the cosmological constant and proposes that the universe is dynamic. They present the theory that the universe expands. But their expanding universe dismissed. There is no concrete evidence.

Nej

Most scientists still believe that the universe is eternal and static.

inte naturvetare

In the meantime they make great progress in astronomy and with it in cosmology. They build new telescopes, develop new methods to measure distances to cosmic objects. Spectroscopy will play a crucial role.

People analyze the spectra of light from distant nebulae / galaxies.
Wavelengths of light are slightly offset, and this is explained by the Doppler effect (only!):

Nej gastryck, gravitation, universums expansion (≠ dopplereffekt)

Sawing of my article about the Big Bang
Jan Slowak

Redshift factor, Absolute redshift, Galaxies red / blue distribution
Jan Slowak

- If a cosmic object approaching, the light is
shifted toward shorter wavelengths - blue shift
- If a cosmic object moves away, the light is
shifted towards longer wavelengths - redshift

It turns out that the light from "most galaxies"
are redshifted as interpreted that these
galaxies are moving away from the Milky Way!

1929 - Edwin Hubble shows that there is a
direct relationship between galaxies distance
and speed, a fact known as Hubble's law.

These new measurements of galaxies light,
that most galaxies are moving away from us
gives rise to the concept of "galaxies escape".
And this was an argument that supported the
theory of an expanding universe.
This argument was so evident that even
Einstein changes his mind and supports the
Big Bang theory.

But most astronomers and cosmologists still

Sawing of my article about the Big Bang
Jan Slowak

Redshift factor, Absolute redshift, Galaxies red / blue distribution
Jan Slowak

believe in the traditional model of an eternal and static universe.

Nej: Se varenda bursi; kosmologi och orien- terande kans om universum,

My background

Since long ago, from the first contact with the Big Bang theory, I was its opponent, I could not accept it.
Everything we had read in school, in physics and chemistry lessons, was based on the following motto:
ex nihilo nihil fit!

And suddenly, the whole universe arise from nothing, matter, space, time, everything!

Remember how it all began! Remember that without Hubble's "galaxies escape" the Big Bang would did not had a chance.
This argument is based on measurements of the distance to a number of galaxies, and measurements of the redshift of the light.

- 10 -

Sawing of my article about the Big Bang
Jan Slowak

Redshift factor, Absolute redshift, Galaxies red / blue distribution
Jan Slowak

> Expansionen ej Dopplereffekt; den har ingen begränsning vid ljushastigheten

They applied the Doppler effect and Voila! "most" galaxies moves away from us.

But they have not analyzed the dependence between distance and redshift. Så många gånger och mycket kritiskt

And this mistake has created the theory of the Big Bang. After this they created the theory of inflation to explain everything else that was inconsistent with the observations of our universe.

After this they created dark matter and dark energy to explain everything else that was inconsistent with the observations of our universe.

…

Förutom rummets expansion finns flera stöd för BD. Det påvisas inga en tillnärmelsevis lika "duktig" metod att förklara det Universum vi observerar, t ex:
* Den kosmiska mikrovågsbakgrunda
* Mängderna av de lättaste grundämnena i Universum
* Begränsad ålder på de äldsta stjärnorna vi observerar

Sawing of my article about the Big Bang
Jan Slowak

Redshift factor, Absolute redshift, Galaxies red / blue distribution
Jan Slowak

Columns from NED		My denomination
Galaxy ID	NED "Preferred Object Name" for the host galaxy	GID
D	Record index	DNR
G	Object index	GNR
D (Mpc)	Metric distance (in units of Mpc)	d
redshift (z)		z

A look at the data raises questions

The database NED has for each galaxy / cosmic objects one or more different measurements of distance and redshift. In the database there are cosmic objects for which the redshift is not specified. These items are excluded from further consideration.

In the table below, T01, I show six cosmic objects which pairwise have the same redshift, but whose distance from us differ by a factor of between 1.3 and 5.5.

*Varje "par" är exakt samma objekt
ställningarna beror på att man gjort
olika mätningar och fått olika
resultat ?*

Sawing of my article about the Big Bang
Jan Slowak

Redshift factor, Absolute redshift, Galaxies red / blue distribution
Jan Slowak

T01:

GID	DNR	GNR	d	z
COMBO-17 19434	19402	4740	4,050	1.551000
SN 2003ak	999999	4740	5,540	1.551000
COMBO-17 40328	19268	4718	1,150	1.400000
SN 2002fx	999999	4718	6,420	1.400000
COMBO-17 29383	19274	4720	2,570	1.370000
SN HST04Mcg	999999	4720	4,690	1.370000

Hubble's law: $v = H_0 * d$.
Take the example in the middle:
COMBO-17 40328_1 and SN $2002fx_2$ have the
same z (redshift), meaning that they move
with the same speed ($v = z * c$). But according
to Hubble's law follows
$v_2/v_1 = H_0 * d_2 / H_0 * d_1$,
$v_2/v_1 = 6420/1150 = 5.5 ...$
v_2 is about 5.5 times larger than v_1.
This is a contradiction.

The examples show that:
Parts of the universe with different distances from us, has the same redshift,

Sawing of my article about the Big Bang
Jan Slowak

Redshift factor, Absolute redshift, Galaxies red / blue distribution
Jan Slowak

are receding from us at the same speed.

In the next table, T02, I show the second six cosmic objects which pairwise have the same distance to us but whose redshift differs by a factor of between 2.8 and 4.5.

T02:

GID	DNR	GNR	d	z
NGC 2986	33160	7539	32.9	0.007680
SN 2005M	999999	7466	32.9	0.022012
NGC 2441	28865	6588	125.0	0.011580
SN 1999aw	999999	8578	125.0	0.040000
SDSS-II SN 16218	75741	16836	560.0	0.029655
SDSS-II SN 20528	999999	4036	560.0	0.135691

Hubble's law: $v = H_0 * d$.
According to Hubble's law, two objects at the same distance from us shall have same speed.

Data from table T02 is in violation of Hubble's law: $v = H_0 * d$ versus $v = z * c$.

Sawing of my article about the Big Bang
Jan Slowak

Redshift factor, Absolute redshift, Galaxies red / blue distribution
Jan Slowak

The examples show that:
Parts of the universe that are at the same distance from us, have different redshift, are receding from us at different speeds.

Analysis of data

These two conclusions are in contradiction with the claim that the universe expands according to Hubble's law.
These two issues / contradictions have done that I continued to analyze data from NED.

For each object from the file above we calculate the following:

1) $zd = z / d$,
redshift divided by distance
zd = redshift per unit distance
unit for zd is Mpc^{-1}

2) $zf = SUM(zd) /$ *number of entries (objects)*

Sawing of my article about the Big Bang
Jan Slowak

Redshift factor, Absolute redshift, Galaxies red / blue distribution
Jan Slowak

this factor, *zf*, shows how much wavelength of the light is changed per unit distance, *Mpc*, how much the light is affected by the space through which it passes

3) $d(z, zf) = z/zf$
$d(z, zf)$ = *calculated distance* using *redshift* and *redshift factor* *under antagande av en linjär z-d-relation*

4) $z(d, zf) = d*zf$
$z(d, zf)$ = *calculated redshift* using *distance* and *redshift factor* *(samma antagande under)*

5) $dif(d) = d - d(z, zf)$
$dif(d)$ = the difference between object's measured distance and the calculated distance *under samma antag. while*

6) $dif(z) = z - z(d, zf)$
$dif(z)$ = the difference between object's measured redshift and the calculated redshift
under samma antag. ved

Sawing of my article about the Big Bang
Jan Slowak

Redshift factor, Absolute redshift, Galaxies red / blue distribution
Jan Slowak

We look at an example (fictitious) and assesses the implications of $dif(z) = z - z(d, zf)$.

Say we have measured the distance to a cosmic object to 2 Mpc and the redshift of 0.000555. Say that the estimated *redshift factor* is 0.000250.

We have:
$d = 2\ Mpc$
$z = 0.000555$
$zf = 0.000250$
$z(d, zf) = d * zf = 2 * 0.000250 = 0.000500$
$dif(z) = 0.000555 - 0.000500 = 0.000055$

The measured redshift is primarily not an indication of the object's speed, but on its distance to us! Ja, det är ual Hubble-parametern ofta används til och med en viss o-säkerhet

We can say that for the light from a cosmic object $dif(z)$ is the measured redshift minus the redshift caused by the

Sawing of my article about the Big Bang
Jan Slowak

Redshift factor, Absolute redshift, Galaxies red / blue distribution
Jan Slowak

distance to the object.

dif (z) = the absolute redshift, az,
(my denomination)

The absolute redshift is part of the measured redshift showing the object's true radial velocity!

If *the absolute redshift* is positive, we have to do with redshift of light, if *the absolute redshift* is negative, we have to do with the blueshift of light.

[handwritten note: Ifjan galax kan ha litet mindre eller högre z än vad uppmätt avstånd (med fel) ger]

The above calculations have been applied to all objects from the file and here we have the result:

T03:

Population	zf	Num obj	Num red z	% red z	Num blue z	% blue z
NED-D	0.000239	26,790	13,018	48.6	13,772	51.4

Sawing of my article about the Big Bang
Jan Slowak

Redshift factor, Absolute redshift, Galaxies red / blue distribution
Jan Slowak

It's hard to believe!
Number of galaxies / cosmic objects with redshift is not "most" as the Big Bang theory says.

Because we have so many different measurements of distance, I worked nine different populations according to the model above.

The result is shown in the table T04: we see here that all populations show that the distribution of objects redshift and blue shift is roughly 50/50!

Sawing of my article about the Big Bang
Jan Slowak

Redshift factor, Absolute redshift, Galaxies red / blue distribution
Jan Slowak

T04:

Population	zf	Num obj	Num red z	% red z	Num blue z	% blue z
NED-D	0.000239	26,790	13,018	48.6	13,772	51.4
AVED-AVEZ	0.000225	6,697	3,784	56.5	2,913	43.5
AVED-MAXZ	0.000226	6,697	3,750	56.0	2,947	44.0
AVED-MINZ	0.000225	6,697	3,750	56.0	2,947	44.0
MAXD-AVEZ	0.000201	6,697	3,670	54.8	3,027	45.2
MAXD-MAXZ	0.000201	6,697	3,702	55.3	2,995	44.7
MAXD-MINZ	0.000200	6,697	3,677	54.9	3,020	45.1
MIND-AVEZ	0.000280	6,697	2,709	40.5	3,988	59.5
MIND-MAXZ	0.000281	6,697	2,686	40.1	4,011	59.9
MIND-MINZ	0.000279	6,697	2,716	40.6	3,981	59.4

Below we show normal distribution of zd for population NED-D (all records from the database where there are d and z).

[Handwritten note:] Obs: Förutom z p ga expansionen, så har galaxerna sina egna lokala hastigheter i nom sin galaxhop. Detta adderar eller subtraherar en del till z. Denna del är en verklig doppler effekt och är lika ofta positiv som negativ.

Sawing of my article about the Big Bang
Jan Slowak

Redshift factor, Absolute redshift, Galaxies red / blue distribution
Jan Slowak

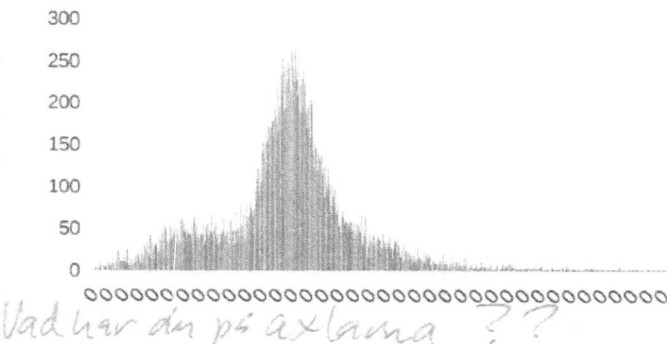

Population NED-D

Vad har du på axlarna ??

For this population, we have the following information regarding the standard deviation:

zf (average)
0.000238742245368326

sd (standard deviation)
0.000103209203150304

zf-1sd
0.000135533042218022

Subtraherar man bort Hubbleexpansionen så har naturligtvis galaxerna kvar både negativa och positiva rödförskjutningar. Dessutom har d[u] otta [s]tora osäkerheter.

Sawing of my article about the Big Bang
Jan Slowak

Redshift factor, Absolute redshift, Galaxies red / blue distribution
Jan Slowak

$zf+1sd$
0.000341951448518630

$zf-2sd$
0.000032323839067718

$zf+2sd$
0.000445160651668934

$n=26790$
$n1sd=21310$ %$n1sd=21310/26790*100=79.5$
$n2sd=26046$ %$n2sd=26046/26790*100=97.2$

79.5% of the values are within one standard deviation (theory needs 68%) and 97.2% are within two standard deviations.

Inset konstigt

Varför skulle värdena runt medelvärdet från en olinjär relation vara Gauss-fördelade?

Det finns urvalseffekter i databaserna som gör att man inte har ett statistikt kontrollerat urval av objekt

Sawing of my article about the Big Bang
Jan Slowak

Redshift factor, Absolute redshift, Galaxies red / blue distribution
Jan Slowak

Epilogue

What does this result say? What can we do with all these new concepts/entities? Two of them, $d(z, zf)$ and $dif(z)$, or az, we can use:

$d(z, zf)$ = calculated distance

Most entries from NED and all records from the SDSS (Sloan Digital Sky Survey) show only redshift but not distance! We can use the $d(z, zf)$ to calculate the distance to astronomical objects if we have their redshift. It will not be exact, we use in the calculation zf which is an average of so far made measurements.

az = the absolute redshift

Due to $az = z - z(d, zf)$, we can use this concept/quantities only on the objects where their distance d was calculated by other methods (than using Hubble's Law).

Sawing of my article about the Big Bang
Jan Slowak

Redshift factor, Absolute redshift, Galaxies red / blue distribution
Jan Slowak

What a result! Galaxies move in all directions, there is no obvious tendency that "most" of them would be moving away from us.

There is no expansion!
There was no Big Bang!

We visualize our new concepts of two objects from the population AVED_AVEZ:

1) NGC 5253, d= 3.6 Mpc, $z = 0.001358$
2) NGC 9646, d= 6.2 Mpc, $z = 0.000160$

Redshift z from both objects is positive (> 0), which according to current theory implies that these two objects are moving away from us. Judge for yourself below!

- 26 -

Sawing of my article about the Big Bang
Jan Slowak

Redshift factor, Absolute redshift, Galaxies red / blue distribution
Jan Slowak

NGC 5253 $d \in [2.7, 5.2] Mpc$
zf = 0.000225

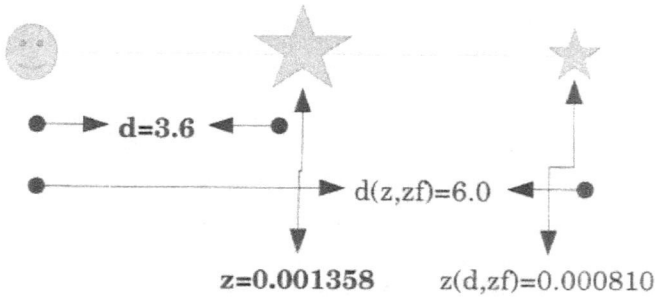

z=0.001358   z(d,zf)=0.000810

dif(z) = z-z(d,zf) = 0.001358-0.000810 = 0.000548

dif(z) > 0
absolute redshift

redshift

Sawing of my article about the Big Bang
Jan Slowak

Redshift factor, Absolute redshift, Galaxies red / blue distribution
Jan Slowak

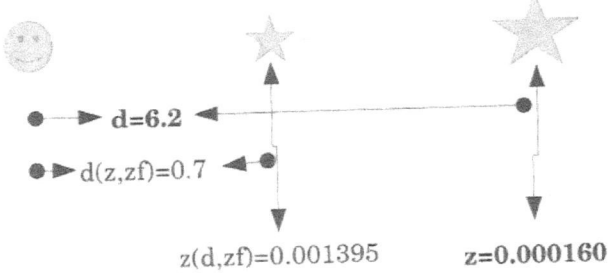

NGC 6946 $d \in [4, 12] Mpc$
zf = 0.000225

d=6.2

d(z,zf)=0.7

z(d,zf)=0.001395   **z=0.000160**

dif(z) = z−z(d,zf) = 0.000160−0.001395 = −0.001235

dif(z) < 0
absolute redshift

↓

blueshift

Sawing of my article about the Big Bang
Jan Slowak

Redshift factor, Absolute redshift, Galaxies red / blue distribution
Jan Slowak

Consequences

K1: The main consequence of the above analysis is an argument against "galaxies escape". And thus the fact that the universe has no expansion. And thus that no Big Bang took place. And thus there is no need of theory of inflation.

K2: Second most important consequence is how *absolute redshift* affect the calculation of the velocity of cosmic objects. We look at two cosmic objects:

GID	d	N	z(d,zf)	dif(z)	red shift	blue shift
MESSIER 066	10.10	0.002425	0.002414	0.000011	1	0
MESSIER 101	6.69	0.000804	0.001599	-0.000795	0	1

MESSIER 066:
a) we calculate speed using Hubble's law, $v = H_0 * d$, where H_0 is the Hubble constant,

Sawing of my article about the Big Bang
Jan Slowak

Sawing of my article about the Big Bang
Jan Slowak

www.ingramcontent.com/pod-product-compliance
Lightning Source LLC
Chambersburg PA
CBHW071212240526
45470CB00018B/1815